FORSCHUNGSBERICHTE
DES WIRTSCHAFTS- UND VERKEHRSMINISTERIUMS
NORDRHEIN-WESTFALEN

Herausgegeben von Staatssekretär Prof. Leo Brandt

Nr. 142

Dipl.-Ing. G. Wiebel
A. Konermann
A. Ottenheym

Entwicklung eines Kalksandleichtsteines

Ergebnisse aus Versuchen
des Fachverbandes Kalksandsteinindustrie
Westfalen-Niederrhein, Hannover

Als Manuskript gedruckt

WESTDEUTSCHER VERLAG / KÖLN UND OPLADEN

1955

ISBN 978-3-663-03613-5   ISBN 978-3-663-04802-2 (eBook)
DOI 10.1007/978-3-663-04802-2

Forschungsberichte des Wirtschafts- und Verkehrsministeriums Nordrhein-Westfalen

Gliederung

A. Einleitende Vorbemerkungen . . . . S. 5
    I. Intensivierung des Bauschaffens . . . . S. 5
    II. Allgemeine Zielsetzung . . . . S. 5
    III. Zielsetzung der KSI . . . . S. 6
    IV. Chemie der KSI . . . . S. 6
    V. Leichtbaustoffe und Chemie der gasbildenden Treibmittel S. 8
    VI. Kalksandleichtstein . . . . S. 9

B. Beschreibung der Entwicklungsarbeiten und deren Einfluß
auf das Verfahren . . . . S. 1o
    I. Kalksandsteinverfahren . . . . S. 1o
    II. Kalksandleichtsteinverfahren . . . . S. 1o
    III. Vergleich und Kupplung der Verfahren . . . . S. 11
    IV. Wirtschaftlichkeitsbetrachtung . . . . S. 12
    V. Härteverfahren KS . . . . S. 12
    VI. Härteverfahren KS Leicht . . . . S. 16
    VII. Heizregister . . . . S. 17
    VIII. Luftumwälzung . . . . S. 2o

C. Zusammenfassung . . . . S. 21

Forschungsberichte des Wirtschafts- und Verkehrsministeriums Nordrhein-Westfalen

A. Einleitende Vorbemerkungen

I. Intensivierung des Bauschaffens

Die nach dem Kriege einsetzende Intensivierung des Bauschaffens zur Minderung der eingetretenen Wohnungsnot brachte für die baustoffherstellende Industrie zwei große Probleme:

1. Anpassung der Betriebe an den wachsenden Bedarf von Steinen der bisher üblichen Arten, Formate und Qualitäten.

2. Entwicklung neuer Steinarten mit abgeänderten Eigenschaften, die aus den vorhandenen Rohstoffen in Deutschland hergestellt werden können.

Zahlreiche Ansätze gerade für eine Lösung dieser zweiten Aufgabe sind vorhanden gewesen. Ziel dieser Bestrebungen ist im wesentlichen, die bauphysikalischen Eigenschaften so zu steigern, daß statt der seit Jahrzehnten üblichen 1½ Stein dicken Wand von 38 cm, Wände von 24 cm Dicke projektiert werden können, die statisch noch ausreichend wären. Die Eignung 24 cm dicker Wände für Industriebauten bei allerdings ungenügendem Wärmeschutz ist durch die Betonbauweisen nachgewiesen gewesen. Im "Sozialen Wohnungsbau" kann diese Bauweise nicht angewendet werden, denn gleichberechtigt mit der statischen Sicherheit ist hier die Forderung nach gesundem und wirtschaftlichen Wohnen.

Wenn diese Forderungen jedoch zu erfüllen sind, lassen sich die Gesamtbaukosten um 4 - 6 % senken; die Baukosten der Außenwände allein sind nach Berechnungen des Wiederaufbauministeriums Nordrhein-Westfalen um 35 % billiger.

II. Allgemeine Zielsetzung

In einem unmittelbaren Ansatz ist dieses Ziel selbstverständlich nicht zu erreichen gewesen, aber die Ansatzrichtung ist klar gewesen:

1. Änderung der Wärmedämmung durch kleinste Luftporen im Stein, oder

2. Verbesserung der Wärmedämmung durch große Luftkammern, neben

3. Einer Verminderung des Fugenanteiles im Mauerwerk als Wärme-Kälte-Brücke durch Vergrößerung der Formate.

Indirekte Erfolge dieser Maßnahmen standen in sofernnnoch zu erwarten, als neben der Kostenrechnung durch Einsparung von Steinmaterial die

Forschungsberichte des Wirtschafts- und Verkehrsministeriums Nordrhein-Westfalen

Mörtelkosten sinken mußten und, sofern die von dem einzelnen Maurer pro Stunde herzustellende Zahl von Kubikmeter Mauerwerk die gleiche blieb, die Lohnkosten anteilig der Steinersparnis sinken mußten.

Die einzelnen baustoffherstellenden Industrien nutzten diese Möglichkeit mit Erfolg aus. So kamen Zuschlagstoffe von niederem Raumgewicht zum Einsatz, die bereits in größerem Umfange bekannt waren. Die klassischen Baustoffe wurden vergrößert und mit Aussparungen versehen und kamen in größerem Umfang als Lochsteine auf den Markt. Daneben wurde auf seit langem bekannte Verfahren zurückgegriffen, durch Zusatzmittel auf chemischem Wege das Raumgewicht des Baustoffes zu senken.

III. Zielsetzung der KSI

Die Kalksandsteinindustrie verfolgte im Rahmen dieser Entwicklung zwei Wege:

1. Herstellung großformatiger Steine mit Luftkammern,

2. die Entwicklung großformatiger Vollsteine mit feinsten Luftporen durch Verwendung von porenbildenden Zusatzmitteln, die chemisch wirken.

Bereits in der frühesten Entwicklungszeit des Kalksandsteines wurde versucht, aus dem plastischen Kalksandmörtel, wie er beim Verputzen von Wänden verwandt wird, Mauerwerk in Schalungen direkt zu gießen oder kleinformatige Steine in Formen herzustellen. Es war damals sehr bald erkannt worden, daß eine Erhärtung dieser sehr wasserhaltigen Massen an der Luft zu viel Zeit beanspruchte. Bereits vor der Jahrhundertwende wurden Versuche unternommen, wasserreichen, plastischen Kalksand-Mörtel bei erhöhten Temperaturen und erhöhtem Druck mit Dampf zu härten. In kurzer Zeit begann sich die Dampfdruckhärtung einzuführen.

Chemisch war hier ein völlig neuer Erhärtungsprozeß entwickelt worden.

IV. Chemie der KSI

Zum weiteren Verständnis ist es erforderlich, hier in einem kurzen Abriß die Verhältnisse näher zu betrachten.

1. Bei der Erhärtung von Kalkmörtel handelt es sich um re-Carbonisierung des gebrannten Kalkes mit der Kohlensäure der Luft, wobei der Sand in dem Kalkbett nur als Füllstoff und Strecksubstanz dient.

$$CaCO_3 \xrightarrow{\text{brennen}} CaO + CO_2 \uparrow$$

Kalkstein   Kalk + Kohlensäure

Der vertikale Pfeil bei dem CO_2 deutet an, daß die Kohlensäure mit den Abgasen des Brennvorganges in die Luft entweicht.

$$CaO + X\,H_2O \xrightarrow{\text{Kalk Löschen}} Ca(OH)_2$$

Branntkalk + Wasser   Löschkalk
(Kalkhydrat
Kalkbrei
Kalkmilch)

$$(SiO_2) + Ca(OH)_2 + CO_2 \longrightarrow (SiO_2)\text{ in }CaCO_3 + H_2O$$

Sand + Löschkalk + Kohlensäure der Luft   ⟶   Sand + Kalksandstein + Wasser

Diese Reaktion geht nur außerordentlich langsam vonstatten und ist z.B. im Innern der Fugen erst nach Jahrzehnten beendet.

2. Bei der Erhärtung von Zement und Zementmörtel handelt es sich um die Neubildung von Kalk-Aluminium-Eisen-Silikaten verschiedenster Zusammensetzung unter Einwirkung von Wasser, weshalb dieser Mörtel auch unter Wasser erhärtet. Der Vorgang ist wesentlich schneller beendet.

Chemisch gesehen ist der Vorgang außerordentlich kompliziert infolge der vielfachen Reaktionsmöglichkeiten und der vielen Zwischenstufen und metastabilen Zustände. Es soll deshalb hier auf eine eingehende Darstellung verzichtet werden, da dieser Vorgang für die weitere Betrachtung nicht von Wichtigkeit ist.

3. Bei der Dampfhärtung von Kalk-Sand-Mischung, wie sie in der Kalksandsteinindustrie zur Anwendung gelangt, handelt es sich im Gegensatz zu der unter 1. behandelten Recarbonisierung um eine Silicatbildung, bei der der Sand nicht allein als Füllstoff wirkt, sondern bei dem die Kieselsäure des Sandes Partner in der chemischen Reaktion ist.

$$SiO_2 + Ca(OH)_2 + H_2O \;=\; X\,CaO \cdot Y\,SiO_2 \cdot Z\,H_2O$$

Sand + Löschkalk + Wasser   =   Calziumhydrosilicat

Diese Reaktionsformel stellt allerdings eine wesentliche Vereinfachung des genau wie bei den Zementreaktionen über zahlreiche Zwischenstufen und metastabile Zustände führenden Reaktionsverlaufes dar.

Wesentlich an diesem Vorgang ist, wie schon oben betont, daß der Sand nicht Füllstoff sondern selbständiger Reaktionspartner ist.

Diese Reaktion ist jedoch genau wie die Mörtelkarbonisierung außerordentlich langsam. Sie läßt sich jedoch durch Temperaturerhöhung auf über $130°C$ und durch Anwendung von Druck so wesentlich beschleunigen, daß trotz des relativ hohen Energieaufwandes in wirtschaftlich tragbaren Maßen ein außerordentlich hartes Steinmaterial entsteht, dessen Festigkeit unter gewissen Bedingungen bis auf 500 kg/cm^2 gesteigert werden kann.

V. Leichtbaustoffe und Chemie der gasbildenden Treibmittel

Bei den Verfahren zur Herstellung von Leichtbaustoffen aus Steinmaterial haben gasentwickelnde Treibstoffe (Blähmittel) mehr und mehr an Bedeutung gewonnen. Bereits im Jahre 1889 wurde ein Patent angemeldet, das diesen Zweck verfolgte. Aus diesen ersten Anfängen hatten einzelne Baustoffindustriezweige im Laufe der folgenden 50 Jahre allmählich Bausteine entwickeln können, die dem Bemühen entgegenkamen, dünner als bisher üblich bauen zu können bei gleichen bauphysikalischen Eigenschaften.

Als gasentwickelnde Treibmittel (Blähmittel) standen im wesentlichen Carbid und Aluminium zur Verfügung. Beide Stoffe werden feinst gepulvert.

Carbid wird der trockenen Rohmasse zugemischt und entwickelt bei dem Hinzutreten von Wasser, Azetylen und Löschkalk.

$$CaC_2 + 2H_2O \longrightarrow Ca(OH)_2 + C_2H_2$$

Carbid + Wasser $\longrightarrow$ Calziumhy- + Azetylen
droxyd
(Löschkalk) (Gas)

Aluminium wird ebenfalls der trockenen Rohmasse zugemischt und entwickelt zusammen mit dem Branntkalk bei dem Hinzutreten von Wasser Wasserstoff und Calziumaluminat.

$$Ca\,O + H_2O \longrightarrow Ca(OH)_2$$

$$2\,Al + Ca(OH)_2 + 6\,H_2O \longrightarrow Ca[Al(OH)_4]_2 + 3\,H_2$$

Alumi- + Kalk-   + Wasser ⟶ Calzium-   + Wasserstoff
nium   hydrat   aluminat   (Gas)

Der Vorteil des letzteren Verfahrens liegt darin, daß bei der Reaktion die etwa 3-fache Gasmenge gebildet wird, und daß diese Gase außerdem für den Betrieb ungefährlich bleiben.

Das Treibmittel kann genau dosiert so zugesetzt werden, daß die zähflüssige Rohmasse während der Versteifung bis zu dem 3 - 4-fachen Volumen aufgebläht wird.

VI. Kalksandleichtstein

So war auch bei der Kalksandsteinindustrie die technische Entwicklung bis 1952 zu einem Abschluß gekommen, der die laufende Herstellung von Kalksand-Leicht-Steinen nach diesem Verfahren ermöglichte. Wie bei jeder Entwicklung neuer Verfahren, ergaben sich aber bei der Übernahme des Verfahrens in die Praxis laufend Fragen, die einer eingehenden Klärung bedurften.

Der Minister für Wirtschaft und Verkehr des Landes Nordrhein-Westfalen hatte mit großem Interesse die Entwicklungsarbeiten verfolgt.

Um die Arbeiten zu fördern, ist ein Antrag auf Bewilligung von Forschungsmitteln des Landes, in Höhe von DM 10.000,- als Zuschuß für Forschungsaufgaben zur Entwicklung des Kalksand-Leichtbausteines vorgelegt worden.

Die Mittel standen am 30. April 1953 zur Verfügung und konnten von diesem Zeitpunkt an für die Arbeiten auf dem dafür vorgesehenen Werk eingeplant werden.

Das Interesse des Ministeriums gilt dieser Entwicklung von Leichtbaustoffen auf chemischer Basis, weil die Kalksandsteinindustrie alle Voraussetzungen in vollem Umfange erfüllt, wirtschaftlich arbeiten zu können; denn Sand, Kalk, Kohle und Wasser stehen der Industrie im Land Nordrhein-Westfalen uneingeschränkt zur Verfügung. Daneben verfügt das Land bereits über eine weit ausgebaute Kalksandsteinindustrie, deren Einrichtungen

Forschungsberichte des Wirtschafts- und Verkehrsministeriums Nordrhein-Westfalen

eine Voraussetzung für die Herstellung von Kalksand-Leichtsteinen darstellt. Eine enge Verbindung zwischen den Werken gewährleistet darüber hinaus einen regen Erfahrungsaustausch, mit dessen Hilfe die gemeinschaftlichen Bemühungen zur Entwicklung des bekannten Verfahrens gefördert werden.

B. Beschreibung der Entwicklungsarbeiten und deren Einfluß auf das Verfahren

I. Kalksandsteinverfahren

Die Eigenart der Kalksandsteinherstellung bedingt eine enge Kupplung technologischer und maschineller Vorgänge, auf die im einzelnen einzugehen ist, um die Bestrebungen zu würdigen, die mit Hilfe der Forschungsmittel eingeleitet werden konnten.

Die Herstellung des Kalksandsteines erfolgte in einer Art Fließfertigung. Maßgebende Einheit für Abstimmung der Größenverhältnisse ist Leistung und Anzahl der vorhandenen Pressen. Die Gewinnung der Sandmengen, der Zufluß des Bindemittels Kalk, die Größe der Aufbereitungs-Anlagen für das Löschen des Kalk-Sandgemisches und dessen Dosierung sind der Pressenleistung anzupassen. Andererseits ist die Zahl und die Größe der Härtekessel so auszulegen, daß der Härteprozeß in einem Rhythmus erfolgen kann, der der Leistung der vorhandenen Presseneinheiten entspricht. Daneben sind betriebswirtschaftliche Fragen zu beachten, um eine rationelle Ausnutzung der aufgewendeten Wärmemengen zu erreichen. Es hat jahrelanger Anstrengungen bedurft, um die Produktivität auf einen Stand zu bringen, der eine Fertigung ermöglicht, mit der auf dem freien Markt zu tragbaren Bedingungen Kalksandsteine angeboten werden können.

Jede Veränderung, die den Ablauf dieser Fließfertigung verschiebt, gefährdet die volle Ausnutzung der Werksanlage und führt zu einer kostenmäßigen Belastung des Fertigproduktes.

II. Kalksandleichtsteinverfahren

Zur Herstellung von Kalksand-Leichtsteinen wird der übliche Sand, allerdings möglichst feinkörnig, verwendet. Als Bindemittel wird ebenfalls gemahlener Kalk benutzt. Der Wasserzusatz wird so reichlich bemessen, daß ein flüssiger Brei entsteht.

Zugesetzte Treibmittel lassen kleine Gasbläschen entstehen, die die in Form gegossene Mischung wie einen Teig aufblähen.

Das Aufblähen und Versteifen des zähflüssig in die Formkästen gegossenen Breies zu dem schneidfertigen, erdfeuchten Kuchen, wird wesentlich durch die Außentemperatur und -Feuchtigkeit beeinflußt. Das Gefüge des erstarrenden Kuchens bleibt von zahllosen Gasblasen durchsetzt, die infolge der zunehmenden Zähigkeit der Rohmasse nicht mehr zur Oberfläche aufsteigen können.

Neben anderen Faktoren besteht eine ausschlaggebende Forderung darin, die Fabrikationsräume, in denen die Rohmasse nach dem Eingießen in die Formen treibt und erstarrt, auf einer genau abgegrenzten Temperatur und Luftfeuchtigkeit zu halten. Erst wenn das Frischgut ausreichend standfest geworden ist, kann der gesamte Block aus der Form entschalt und in die gewünschten Platten und Steinformate zerschnitten werden, was mittels eines Drahtes geschieht.

Anschließend können die Formlinge in den Härtekessel eingefahren und der Dampfhärtung ausgesetzt werden. Die zeitliche und mengenmäßige Steuerung von Temperatur und Druck erfolgt aufgrund von Betriebserfahrungen, um ein normgerechtes Produkt zu erhalten. Unter normalen Voraussetzungen wird eine längere Zeitspanne als bei der Härtung des normalen Kalksandsteines benötigt. In gleicher Weise erfordert die Abkühlzeit eine Steuerung nach Erfahrungssätzen, die ebenfalls anders verlaufen, als bei der Härtung des normalen Kalksandstein-Produktes. Insgesamt wurde fast die doppelte Härtezeit als bei der Herstellung von Kalksandsteinen benötigt.

III. Vergleich und Kupplung der Verfahren

Aus den Verfahrensbeschreibungen ist zu entnehmen, daß für beide Verfahren die gleichen Rohstoffe zum Einsatz kommen, und daß die gleichen technologischen Aggregate zum Einsatz kommen, mit zwei Ausnahmen.

1. Die Steinpressen der KS-Herstellung entfallen bei der Leichtsteinherstellung. Dieses erspart einen wesentlichen Faktor der Investierungskosten und einen großen Anteil der Lohnkosten.

2. Die Leichtsteinherstellung benötigt wesentlich *größere* Härtezeiten.

Der Schwerpunkt der Fabrikation verschiebt sich damit von der Steinformung zu der Steinhärtung. Der Rhythmus der intermittierenden Fließarbeit des Kalksandsteinbetriebes wird stark gestört, denn 1. erfordert die Herstellung von Kalksand-Leichtstein-Rohlingen für die Raumeinheit eine wesentlich kürzere Zeit, als die Herstellung der gleichen Raumeinheit Kalksandsteine. 2. erfordert die Härtung der Leichtsteine eine wesentlich längere Zeit für die Raumeinheit, als der normale Kalksandstein.

Während die Herstellung der Rohlinge keine wesentliche Änderung des Betriebsablaufes bedingt, sind die Störungen durch die verlängerte Härtezeit so groß, daß die Rentabilität des Kalksandsteinwerkes infrage gestellt ist. Umgekehrt sind eigene Härtekessel für die Leichtsteinproduktion aus Investitionsgründen vorerst nicht tragbar.

IV. Wirtschaftlichkeitsbetrachtung

Der Anteil der Selbstkosten eines Fertigproduktes setzt sich bekanntlich aus den Rohstoffkosten, den Löhnen und den Anlagekosten zusammen.

Rohstoffkosten und Löhne für die Kalksand-Leichtsteinanfertigung können in diesem Zusammenhang außer Betracht bleiben.

Nach dem Gesetz, daß mit steigenden Produktionsmengen in der Zeiteinheit der Anteil der Anlagekosten sinkt und umgekehrt, sowie durch die Tatsache, daß der Härteprozeß als Engpaß in dem Ablauf der Fließfertigung von Kalksand-Leichtsteinen im Vergleich zu der Fertigung von Kalksand-Normalsteinen anzusehen ist, tritt also eine Erhöhung der Produktionskosten ein. Eine Überwindung der Phasenverschiebung im Ablauf der Herstellung durch Änderung der Anzahl oder Ausmaße der Härtekessel verbietet sich, solange nicht andere Bemühungen als ergebnislos erscheinen, den wirtschaftlichen Rhythmus im Ablauf des neuen Verfahrens den vorhandenen Gegebenheiten anzupassen. Die zusätzliche Investierung neuer Härtekessel erhöht die Kosten so, daß die Wirtschaftlichkeit nur bei wesentlich höheren Preisen gegeben ist.

V. Härteverfahren KS

Ebenso lassen betriebswirtschaftliche Gründe eine gemeinsame Fertigung beider Produkte einer Werkanlage wünschenswert erscheinen. Geschulte

Forschungsberichte des Wirtschafts- und Verkehrsministeriums Nordrhein-Westfalen

Arbeitskräfte, gleiche Rohstoffbasis, Ausnutzung der Dampfkesselanlage, Kupplung der Wärme- und Energiewirtschaft sind als Gründe hierfür anzusehen.

Besonders die Verfügungsmöglichkeit über Abwärmemengen ist ausschlaggebend für den Reife- und Treibprozeß und hat zu dem Plan geführt, den Härteprozeß durch deren Verwendung zu beeinflussen.

Diagramm 1 zeigt den Ablauf des normalen Härtevorganges bei Kalksandstein. Temperatur und Druck sind im zeitlichen Ablauf festgehalten. Unter den gegebenen Betriebsverhältnissen steht ein Frischdampfdruck von 13 atü zur Verfügung. Nach Einbringen der Rohlinge und Schließen des Kessels 2 wird aus einem Härtekessel 1 mit fertigem Erzeugnis der Dampf von etwa 10 atü nach Kessel 2 übergeleitet bis zum Druckausgleich. Anschließend erhält Kessel 2 Frischdampf. Der zeitliche Verlauf des Druckanstieges wird erfahrungsgemäß so gesteuert, daß die Rohlinge allmählich angewärmt werden, ohne ihre Standfestigkeit zu beeinträchtigen (Anheizzeit). Die eigentliche Härtung erfolgt unter vollem Frischdampfdruck, dabei ist festzuhalten, daß diese Bedingung Druck, dazugehörige Dampftemperatur und Dampffeuchte umschließt, ohne die der chemische Prozeß nicht stattfinden kann (Härtezeit).

Für den Härtevorgang des normalen Kalksandsteines werden also etwa 12 Stunden benötigt. Nur bei Änderung des Frischdampfes können Kürzungen stattfinden. Das würde aber eine grundsätzliche Änderung der Betriebseinrichtung bedeuten. Die Kalksand-Leichtsteinmasse enthält ein Vielfaches an Feuchtigkeit im Vergleich zu der üblichen Masse des Kalksandstein-Rohlings.

Temperatur und Feuchtigkeit in einem speziellen Abbinderaum (Blähen und Versteifen der Leichtsteinmasse) sind mit Hilfe von Abdampfwärme, die aus dem Kalksandsteinbetrieb in jeder Menge zur Verfügung steht, bereits so eingestellt, daß eine Abgabe von Feuchtigkeit aus dem ungehärteten Kuchen erfolgt. Nach dem Einfahren in den Härtekessel wurde bisher der Kuchen ebenfalls wie sonst üblich, durch das Überströmen von Dampf aus einem anderen Härtekessel sowie durch Einleiten von Frischdampf, aber ohne Druck, aufgewärmt, so daß die weitere Feuchtigkeitsabgabe erfolgen kann. Aber erst wenn nach ca. 8 Stunden ein bestimmter Zustand erreicht ist, kann der Druckanstieg in weiteren 8 Stunden vorgenommen werden, der den chemischen Prozeß einleitet, der zur eigentlichen Härtung führt.

Forschungsberichte des Wirtschafts- und Verkehrsministeriums Nordrhein-Westfalen

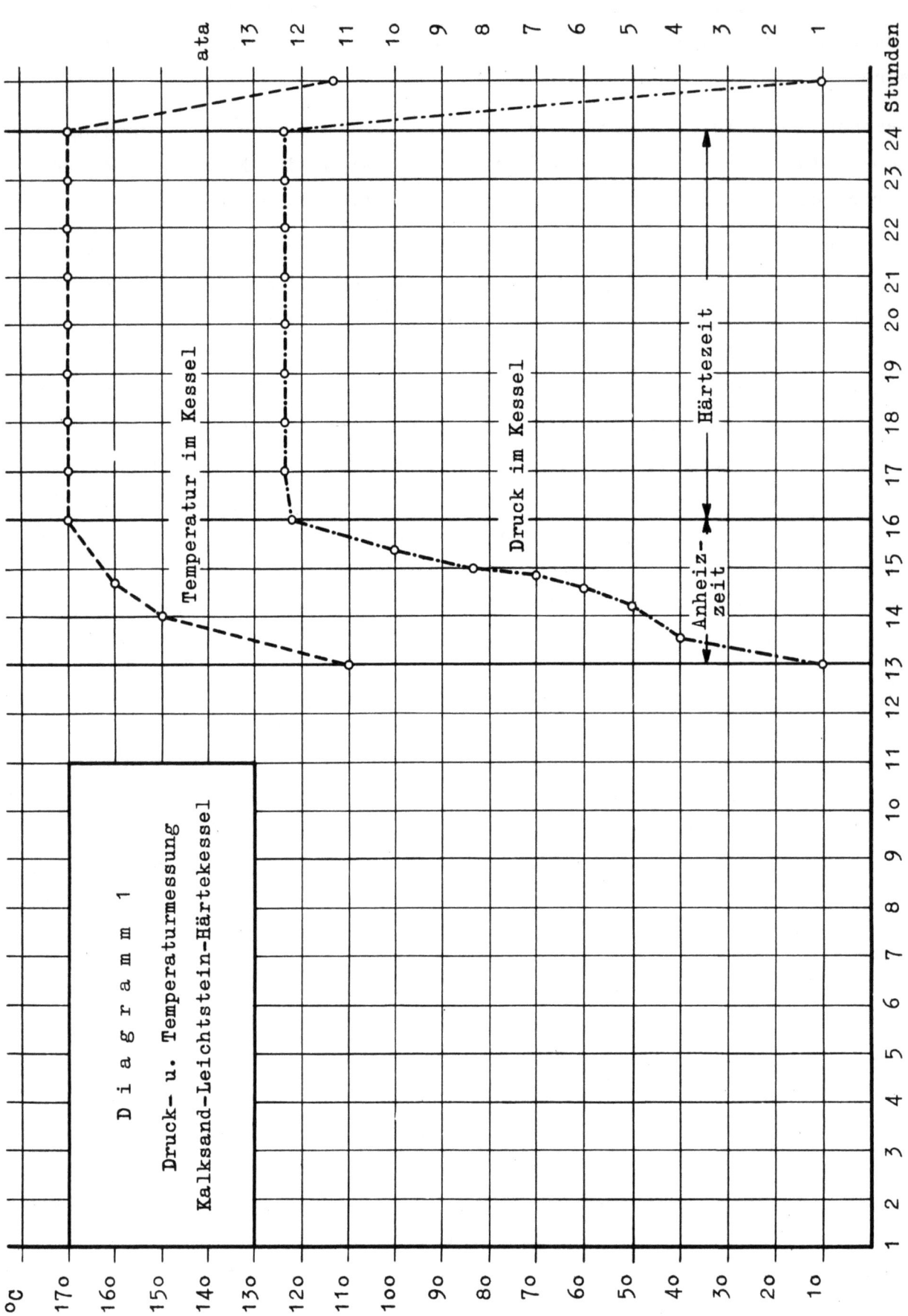

Forschungsberichte des Wirtschafts- und Verkehrsministeriums Nordrhein-Westfalen

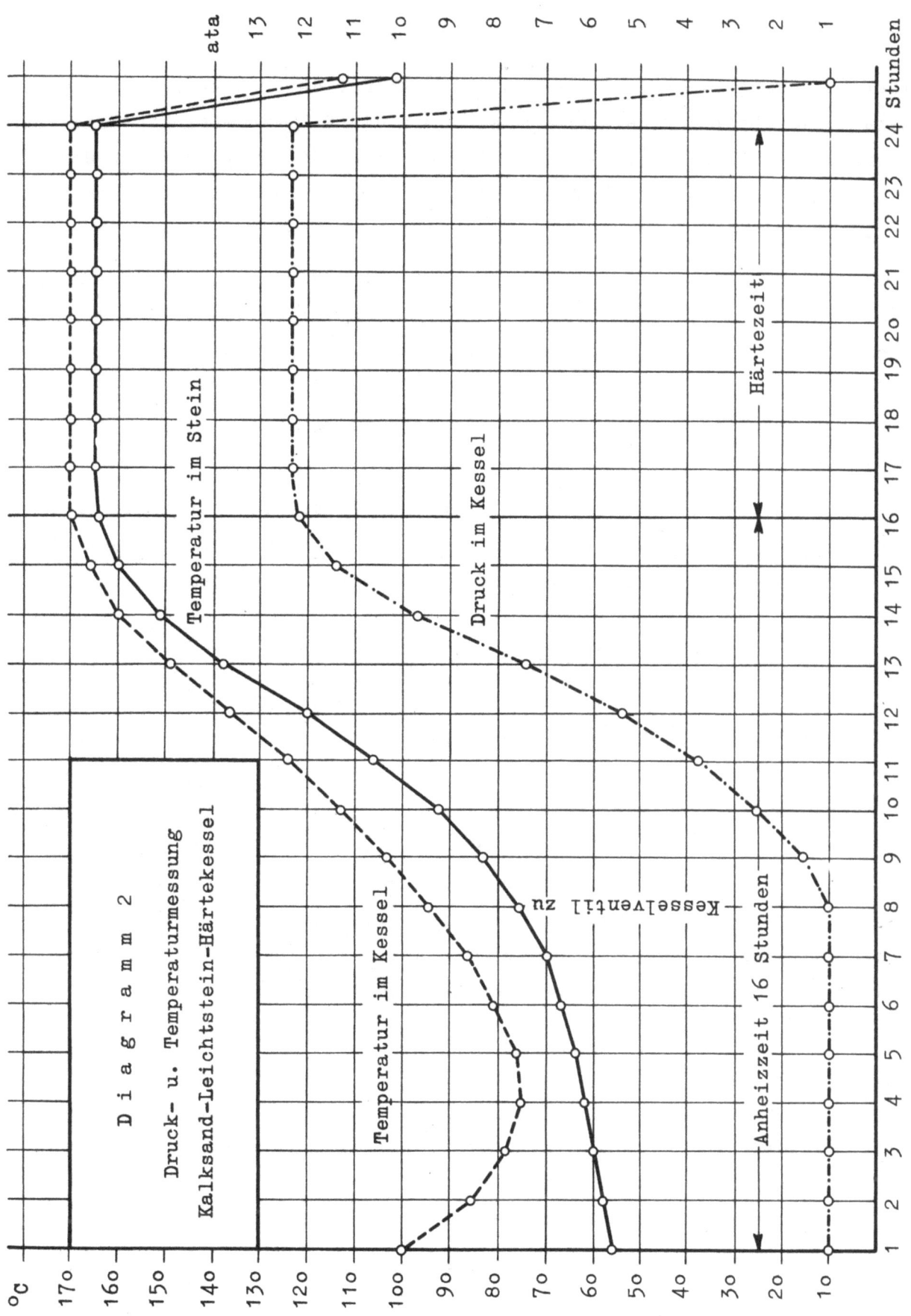

Forschungsberichte des Wirtschafts- und Verkehrsministeriums Nordrhein-Westfalen

VI. Härteverfahren KS Leicht

Diagramm 2 zeigt den bisher gehandhabten Ablauf der Druck- und Temperaturverhältnisse über der Zeit unter den durch die Kalksand-Leichtsteinmasse bedingten Verhältnissen. Die eigentliche Härtezeit entspricht der üblichen. Dagegen erstreckt sich die Anheizzeit über einen bedeutend längeren Zeitraum, andernfalls würde die Güte des Fertigproduktes beeinträchtigt.

Durch diesen Vorgang wird der Rhythmus des Fließvorganges im Fabrikationsablauf gestört. Jede Beschleunigung beeinträchtigt die Qualität; die Verzögerung beeinträchtigt die rhythmisch gekoppelte Wärmewirtschaft mit dem Kalksandsteinbetrieb. Eine Änderung des chemischen Ablaufes ist nicht möglich. Deshalb sind Versuche angestellt worden, mit anderen Mitteln die Fertigung zu beeinflussen.

Bei den Bemühungen, die Anheizzeit durch beschleunigtes Aufwärmen zu verkürzen, hatte sich eine alte Erfahrung der Dampfhärtung erneut bestätigt: Die Qualität wurde beeinträchtigt, die Kuchen stürzten zusammen und Rissebildung trat auf.

Es hatte sich gezeigt, daß während der Anheizzeit zuerst eine Trocknung erfolgen muß, und zwar durch allmähliches Anwärmen. Bei dem üblichen Verfahren erfolgt die Anwärmung durch Naßdampf. Schrittweise war versucht worden, anzuwärmen, während der Kuchen gegen den Naßdampf geschützt war. Der Kuchen mußte dazu versuchsweise abgeschirmt werden. In einem Härtekessel konnte parallel zu einander an zwei Kuchen der Nachweis erbracht werden, daß von zutreffenden Voraussetzungen ausgegangen wurde. Der gegen Feuchtigkeit von außen abgeschirmte Kuchen gab durch die Abschirmung seine Feuchtigkeit schneller ab, so daß seine Anheizzeit verkürzt werden konnte, was bei dem ungeschirmten Kuchen zum Zusammenbruch führte.

Die Erfolge dieser Vorversuche waren ermutigend. Die Zeit für die Trocknung des Rohlings im Härtekessel mußte nach diesem Verfahren verkürzt werden können, so daß der Gedanke verwirklicht wurde, im Härtekessel mit trockener Wärme anzufahren, den Rohling bis zu einem gewissen Grad zu entfeuchten und daran anschließend erst mit der eigentlichen Härtung durch Druck, Temperatur und Dampffeuchtigkeit zu beginnen.

Bisher wirkten im Härtekessel Druck, Temperatur und Feuchtigkeit eng gekoppelt auf den Kuchen ein. Diese Faktoren konnten in ihrem mengen-

und zeitmäßigen Einfluß nur bedingt gesteuert werden, um einen Zerfall der Poren, Rißbildung oder eine Störung der Endreaktion zu vermeiden.

VII. Heizregister

Dank der Mittel des Forschungsfonds konnten diese Versuche fortgesetzt werden.

Anstelle der Anwärmung durch Abdampfwärme ist eine Anwärmung des Härtekesselinhalts - also von Luft und Kuchen - mit Hilfe eines Heizregisters erfolgt.

Der vorhandene Härtekessel wurde umgebaut. Die Sohle des Kessels erhielt ein Heizregister, durch das die Luft im Kessel angewärmt werden konnte.

Die Abwärmemengen für das Heizregister stehen betriebsseitig zur Verfügung. Um die Aufgabe zu lösen, war eine enge Zusammenarbeit und ein reger Erfahrungsaustausch mit der Maschinenindustrie erforderlich, denn jeder Eingriff in die Härtezeit bedingt Rückwirkungen technologischer Art. Diese ließen sich nur mit Hilfe der langjährigen Betriebserfahrungen überwachen und steuern.

Es bedurfte monatelanger Tastversuche, um die Verhältnisse untereinander so abzustimmen, daß keine Beeinträchtigungen der Güte des Fertigproduktes eintraten.

Diagramm 3 zeigt den Druck- und Temperaturverlauf nach dem Einbau von Heizregistern im Härtekessel und die zeitlich begrenzte Anwendung von Maßnahmen zur Beeinflussung der Atmosphäre, die sich nach den einzelnen Versuchsstufen als notwendig ergeben haben.

Mit diesem Schritt konnte die Anheizzeit von 16 Stunden bereits auf 8 Stunden verkürzt werden ohne ein Absinken der Güte des Fertigproduktes. Die Härtezeit selbst erfuhr keine Änderung. In dem Diagramm 3 ist auffallend, daß die Temperatur im Härtekessel nach Öffnen eines Überströmdampf-Ventiles anfangs abfiel, um dann erst entsprechend den einströmenden Abdampfmengen allmählich anzusteigen, und daß die vorgeschriebene Temperaturerhöhung annähernd gleichlaufend mit dem Ansteigen des Druckes verläuft.

Forschungsberichte des Wirtschafts- und Verkehrsministeriums Nordrhein-Westfalen

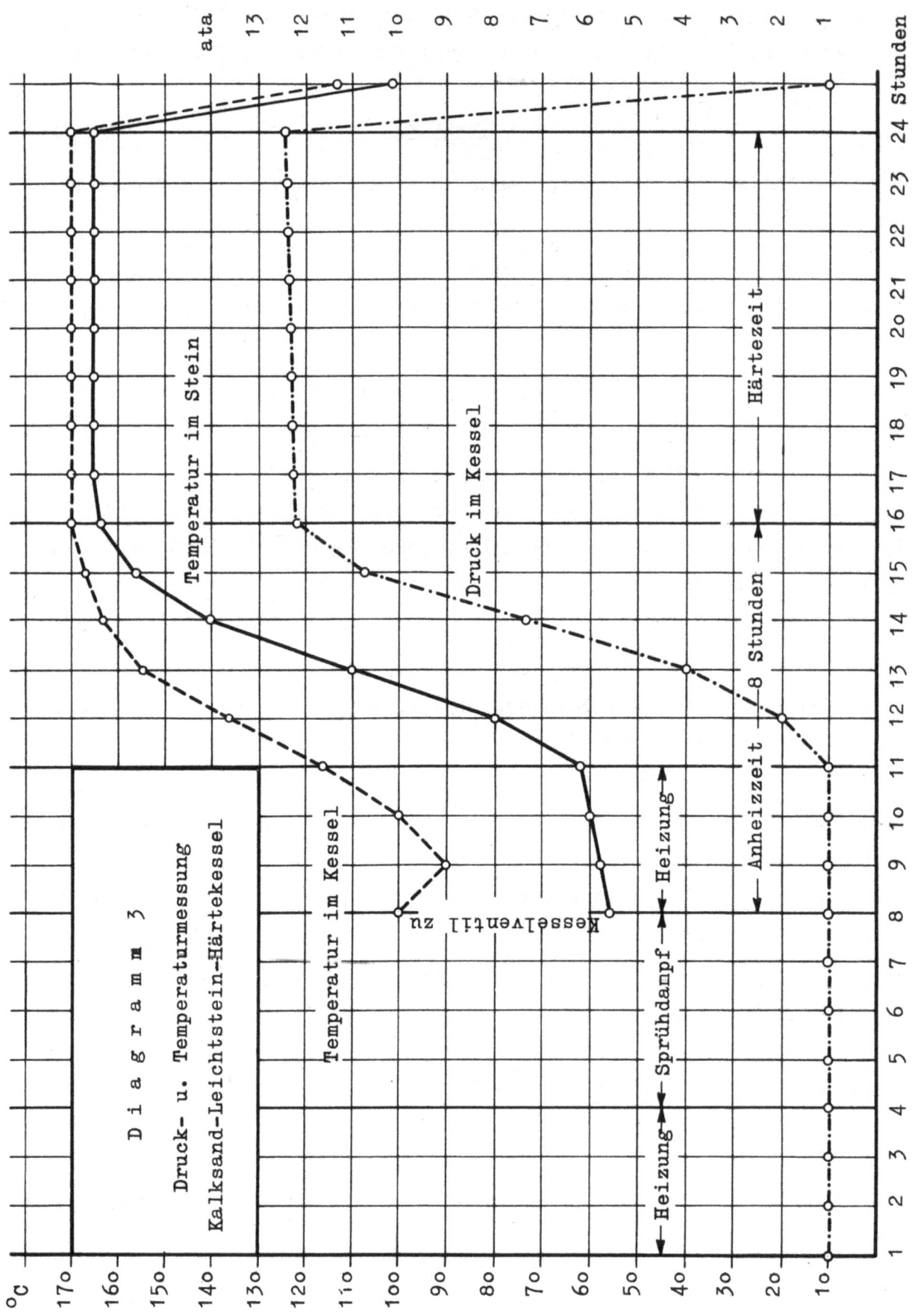

Forschungsberichte des Wirtschafts- und Verkehrsministeriums Nordrhein-Westfalen

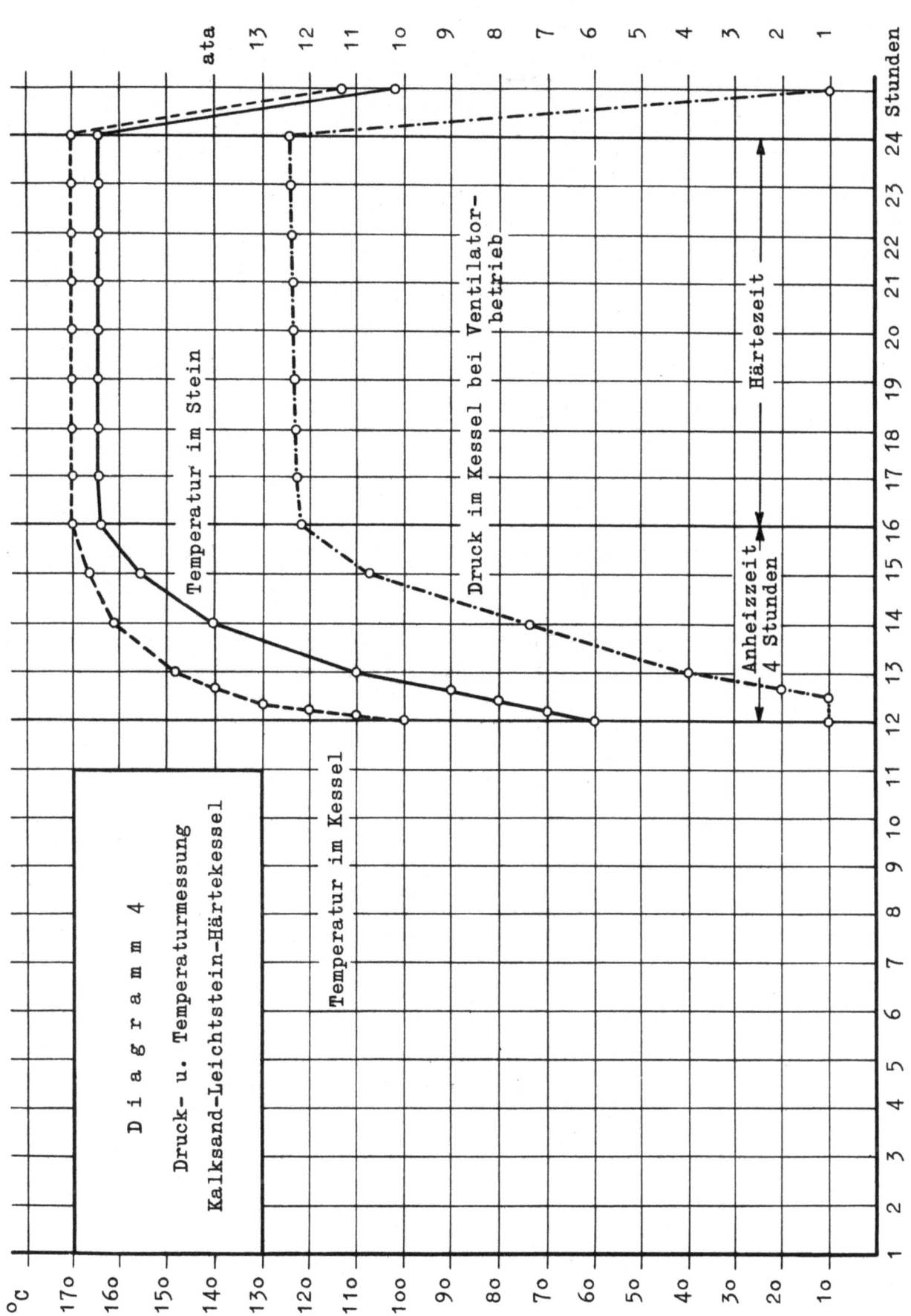

VIII. Luftumwälzung

Je poröser die aufzuwendende Masse ist, desto geringer ist die Wärmeleitfähigkeit der Masse, desto länger dauert die Zeit für die Erwärmung der Masse.

Je höher die Temperaturdifferenz zwischen Masse und umgebender Atmosphäre ist, desto schneller steigt dagegen die Temperatur der Masse. In Diagramm 1 und Diagramm 2 ist deshalb auch der Temperaturanstieg in der Masse registriert. Nach bekannten physikalischen Gesetzen kann der Wärmeübergang durch Umwälzung der umgebenden Atmosphäre beschleunigt werden.

Nachdem festgestellt war, daß eine trockene Aufwärmung des Kuchens eine Verkürzung der Anheizzeit ermöglichte, wurde deshalb versucht, die im Kessel ursprünglich ruhende Luft zu bewegen. Mit Hilfe von Ventilatoren, die außerhalb des Härtekessels aufgebaut sind, wurde eine Luftumwälzung erreicht. In den Luftraum wurde zusätzlich ein Luftvorwärmer eingebaut zur Verstärkung der Wirksamkeit des Heizregisters im Kessel. Auch für diesen Luftvorwärmer standen ausreichende Abwärmemengen zur Verfügung.

Auf Diagramm 4 kann die Wirkung dieser zusätzlichen Um- und Einbauten abgelesen werden. Auch diese Maßnahmen konnten nur dank der Mittel des Forschungsfonds getroffen werden.

Die Anheizzeit konnte auf 4 Stunden verkürzt werden. Der Druckanstieg im Kessel konnte ebenfalls beschleunigt werden, weil der Kuchen durch die intensive Umwälzung von vorgewärmter Luft wesentlich höhere Temperaturen angenommen hatte, als vorher ohne Luftumwälzung, so daß mit wesentlich höheren wirksamen Dampftemperaturen im Härtekessel zu Beginn der Anheizzeit gearbeitet werden konnte, als ohne Luftumwälzung.

Damit ist das Ziel erreicht worden, die Benutzungszeit eines Härtekessels für eine Charge von 25 Stunden um annähernd 50 % zu verkürzen. Im Ablauf von 24 Stunden konnten dadurch wieder 2 Chargen gehärtet werden. Der Rhythmus des Fließvorganges entsprach damit wieder angenähert den durch die Betriebsverhältnisse bedingten Voraussetzungen. Durch die Vorwärmeeinrichtungen ist eine günstige Kupplung der einzelnen Abschnitte in der Wärmewirtschaft gegeben; ihr gegenüber fällt der Energiemehraufwand für den Ventilatorenantrieb kaum ins Gewicht.

Forschungsberichte des Wirtschafts- und Verkehrsministeriums Nordrhein-Westfalen

C. Zusammenfassung

Im Rahmen der Entwicklung eines Kalksandleichtsteinverfahrens auf Basis heimischer Rohstoffe wurde der technologische Härtungsvorgang eingehend untersucht, um diesen nach Möglichkeit dem Härtungsvorgang von Kalksandsteinen gleichzuschalten und somit wesentlich betriebserleichternde Momente zu schaffen und das Verfahren in eine wirtschaftlich tragbare Form zu überführen.

Die nur beschränkt zur Verfügung stehenden Mittel haben es vorerst nicht erlaubt, quantitative Messungen durchzuführen. Dagegen kann als Ergebnis dieser Versuchsreihe festgehalten werden, daß es möglich ist, die Anheizzeit in einem Härtekessel bei der Leichtsteinproduktion wesentlich zu verkürzen und gleichzeitig die Temperaturen vor Beginn der Zuteilung von Frischdampf wesentlich zu erhöhen.

Eine fühlbare Verringerung der erforderlichen Frischdampfmengen ist dadurch möglich. Daneben können erhebliche Abwärmemengen zur Vorwärmung des Materials verwertet werden.

Da die Steuerung von vorgewärmter Luft sowie die Dampfzugabe sorgfältig zu erfolgen hat, waren bei den vorhandenen provisorischen Einrichtungen mehrere Hilfskräfte erforderlich. Es bleibt anzustreben, die Steuerung von Druck, Temperatur und Menge in Zukunft automatisch zu regulieren.

Aus Mangel an Mitteln für die Beschaffung dieser Geräte ist die Versuchsanlage deshalb nach Abschluß der Versuche auf eine Anheizzeit eingestellt worden, die im Handbetrieb als wirtschaftlich angesehen werden kann.

Anstelle einer 50 %igen Zeitkürzung ist daher, solange nur eine manuelle Steuerung zur Verfügung steht, eine 33 %ige Zeitkürzung praktisch erzielt worden.

Die durch den Forschungsfond zur Verfügung gestellten Mittel dienten dazu, einen Teil der Aufwendungen zur Durchführung dieser grundsätzlichen Versuche abzudecken.

AUGUST KONERMANN, Sennelager
Ing. ADRIAN OTTENHEYM, Sennelager
Dipl.-Ing. G. M. F. WIEBEL, Hannover

FORSCHUNGSBERICHTE DES WIRTSCHAFTS- UND VERKEHRSMINISTERIUMS NORDRHEIN-WESTFALEN

Herausgegeben von Staatssekretär Prof. Leo Brandt

Heft 1:
Prof. Dr.-Ing. Eugen Flegler, Aachen
Untersuchungen oxydischer Ferromagnet-Werkstoffe

Heft 2:
Prof. Dr. phil. Walter Fuchs, Aachen
Untersuchungen über absatzfreie Teeröle

Heft 3:
Techn.-Wissenschaftl. Büro für die Bastfaserindustrie, Bielefeld
Untersuchungsarbeiten zur Verbesserung des Leinenwebstuhls

Heft 4:
Prof. Dr. E. A. Müller u. Dipl.-Ing. H. Spitzer, Dortmund
Untersuchungen über die Hitzebelastung in Hüttenbetrieben

Heft 5:
Dipl.-Ing. Werner Fister, Aachen
Prüfstand der Turbinenuntersuchungen

Heft 6:
Prof. Dr. phil. Walter Fuchs, Aachen
Untersuchungen über die Zusammensetzung und Verwendbarkeit von Schwelteerfraktionen

Heft 7:
Prof. Dr. phil. Walter Fuchs, Aachen
Untersuchungen über emsländisches Petrolatum

Heft 8:
Maria Elisabeth Meffert und Heinz Stratmann, Essen
Algen-Großkulturen im Sommer 1951

Heft 9:
Techn.-Wissenschaftl. Büro für die Bastfaserindustrie, Bielefeld
Untersuchungen über die zweckmäßige Wicklungsart von Leinengarnkreuzspulen unter Berücksichtigung der Anwendung hoher Geschwindigkeiten des Garnes
Vorversuche für Zetteln und Schären von Leinengarnen auf Hochleistungsmaschinen

Heft 10:
Prof. Dr. Wilhelm Vogel, Köln
„Das Streifenpaar" als neues System zur mechanischen Vergrößerung kleiner Verschiebungen und seine technischen Anwendungsmöglichkeiten

Heft 11:
Laboratorium für Werkzeugmaschinen und Betriebslehre, Technische Hochschule Aachen
1. Untersuchungen über Metallbearbeitung im Fräsvorgang mit Hartmetallwerkzeugen und negativem Spanwinkel
2. Weiterentwicklung des Schleifverfahrens für die Herstellung von Präzisionswerkstücken unter Vermeidung hoher Temperaturen
3. Untersuchung von Oberflächenveredlungsverfahren zur Steigerung der Belastbarkeit hochbeanspruchter Bauteile

Heft 12:
Elektrowärme-Institut, Langenberg (Rhld.)
Induktive Erwärmung mit Netzfrequenz

Heft 13:
Techn.-Wissenschaftl. Büro für die Bastfaserindustrie, Bielefeld
Das Naßspinnen von Bastfasergarnen mit chemischen Zusätzen zum Spinnbad

Heft 14:
Forschungsstelle für Acetylen, Dortmund
Untersuchungen über Aceton als Lösungsmittel für Acetylen

Heft 15:
Wäschereiforschung Krefeld
Trocknen von Wäschestoffen

Heft 16:
Max-Planck-Institut für Kohlenforschung, Mülheim a. d. Ruhr
Arbeiten des MPI für Kohlenforschung

Heft 17:
Ingenieurbüro Herbert Stein, M. Gladbach
Untersuchung der Verzugsvorgänge in den Streckwerken verschiedener Spinnereimaschinen. 1. Bericht: Vergleichende Prüfung mit verschiedenen Dickenmeßgeräten

Heft 18:
Wäschereiforschung Krefeld
Grundlagen zur Erfassung der chemischen Schädigung beim Waschen

Heft 19:
Techn.-Wissenschaftl. Büro für die Bastfaserindustrie, Bielefeld
Die Auswirkung des Schlichtens von Leinengarnketten auf den Verarbeitungswirkungsgrad, sowie die Festigkeits- und Dehnungsverhältnisse der Garne und Gewebe

Heft 20:
Techn.-Wissenschaftl. Büro für die Bastfaserindustrie, Bielefeld
Trocknung von Leinengarnen I
Vorgang und Einwirkung auf die Garnqualität

Heft 21:
Techn.-Wissenschaftl. Büro für die Bastfaserindustrie, Bielefeld
Trocknung von Leinengarnen II
Spulenanordnung und Luftführung beim Trocknen von Kreuzspulen

Heft 22:
Techn.-Wissenschaftl. Büro für die Bastfaserindustrie, Bielefeld
Die Reparaturanfälligkeit von Webstühlen

Heft 23:
Institut für Starkstromtechnik, Aachen
Rechnerische und experimentelle Untersuchungen zur Kenntnis der Metadyne als Umformer von konstanter Spannung auf konstanten Strom

Heft 24:
Institut für Starkstromtechnik, Aachen
Vergleich verschiedener Generator-Metadyne-Schaltungen in bezug auf statisches Verhalten

Heft 25:
Gesellschaft für Kohlentechnik mbH., Dortmund-Eving
Struktur der Steinkohlen und Steinkohlen-Kokse

Heft 26:
Techn.-Wissenschaftl. Büro für die Bastfaserindustrie, Bielefeld
Vergleichende Untersuchungen zweier neuzeitlicher Ungleichmäßigkeitsprüfer für Bänder und Garne hinsichtlich Ihrer Eignung für die Bastfaserspinnerei

Heft 27:
Prof. Dr. E. Schratz, Münster
Untersuchungen zur Rentabilität des Arzneipflanzenanbaues
Römische Kamille, Anthemis nobilis L.

Heft: 28:
Prof. Dr. E. Schratz, Münster
Calendula officinalis L.
Studien zur Ernährung, Blütenfüllung und Rentabilität der Drogengewinnung

Heft 29:
Techn.-Wissenschaftl. Büro für die Bastfaserindustrie, Bielefeld
Die Ausnützung der Leinengarne in Geweben

Heft 30:
Gesellschaft für Kohlentechnik mbH., Dortmund-Eving
Kombinierte Entaschung und Verschwelung von Steinkohle; Aufarbeitung von Steinkohlenschlämmen zu verkokbarer oder verschwelbarer Kohle

Heft 31:
Dipl.-Ing. Störmann, Essen
Messung des Leistungsbedarfs von Doppelsteg-Kettenförderern

Heft 32:
Techn.-Wissenschaftl. Büro für die Bastfaserindustrie, Bielefeld
Der Einfluß der Natriumchloridbleiche auf Qualität und Verwebbarkeit von Leinengarnen und die Eigenschaften der Leinengewebe unter besonderer Berücksichtigung des Einsatzes von Schützen- und Spulenwechselautomaten in der Leinenweberei

Heft 33:
Kohlenstoffbiologische Forschungsstation e. V.
Eine Methode zur Bestimmung von Schwefeldioxyd und Schwefelwasserstoff in Rauchgasen und in der Atmosphäre

Heft 34:
Textilforschungsanstalt Krefeld
Quellungs- und Entquellungsvorgänge bei Faserstoffen

Heft 35:
Professor Dr. Wilhelm Kast, Krefeld
Feinstrukturuntersuchungen an künstlichen Zellulosefasern verschiedener Herstellungsverfahren

Heft 36:
Forschungsinstitut der feuerfesten Industrie, Bonn
Untersuchungen über die Trocknung von Rohton. Untersuchungen über die chemische Reinigung von Silika- und Schamotte-Rohstoffen mit chlorhaltigen Gasen

Heft 37:
Forschungsinstitut der feuerfesten Industrie, Bonn
Untersuchungen über den Einfluß der Probenvorbereitung auf die Kaltdruckfestigkeit feuerfester Steine

Heft 38:
Forschungsstelle für Acetylen, Dortmund
Untersuchungen über die Trocknung von Acetylen zur Herstellung von Dissousgas

Heft 39:
Forschungsgesellschaft Blechverarbeitung e. V., Düsseldorf
Untersuchungen an prägegemusterten und vorgelochten Blechen

Heft 40:
Landesgeologe Dr.-Ing. W. Wolff, Amt für Bodenforschung, Krefeld
Untersuchungen über die Anwendbarkeit geophysikalischer Verfahren zur Untersuchung von Spateisengängen im Siegerland

Heft 41:
Techn.-Wissenschaftl. Büro für die Bastfaserindustrie, Bielefeld
Untersuchungsarbeiten zur Verbesserung des Leinenwebstuhles II

Heft 42:
Professor Dr. Burckhardt Helferich, Bonn
Untersuchungen über Wirkstoffe — Fermente — in der Kartoffel und die Möglichkeit ihrer Verwendung

Heft 43:
Forschungsgesellschaft Blechverarbeitung e. V., Düsseldorf
Forschungsergebnisse über das Beizen von Blechen

Heft 44:
Arbeitsgemeinschaft für praktische Dehnungsmessung, Düsseldorf
Eigenschaften und Anwendungen von Dehnungsmeßstreifen

Heft 45:
Losenhausenwerk Düsseldorfer Maschinenbau AG., Düsseldorf
Untersuchungen von störenden Einflüssen auf die Lastgrenzenanzeige von Dauerschwingprüfmaschinen

Heft 46:
Professor Dr. phil. W. Fuchs, Aachen
Untersuchungen über die Aufbereitung von Wasser für die Dampferzeugung in Benson-Kesseln

Heft 47:
Prof. Dr.-Ing. habil. Karl Krekeler, Aachen
Versuche über die Anwendung der induktiven Erwärmung zum Sintern von hochschmelzenden Metallen sowie zur Anlegierung und Vergütung von aufgespritzten Metallschichten mit dem Grundwerkstoff.

Heft 48:
Max-Planck-Institut für Eisenforschung, Düsseldorf
Spektrochemische Analyse der Gefügebestandteile in Stählen nach ihrer Isolierung

Heft 49:
Max-Planck-Institut für Eisenforschung, Düsseldorf
Untersuchungen über Ablauf der Desoxydation und die Bildung von Einschlüssen in Stählen

Heft 50:
Max-Planck-Institut für Eisenforschung, Düsseldorf
Flammenspektralanalytische Untersuchung der Ferritzusammensetzung in Stählen

Heft 51:
Verein zur Förderung von Forschungs- und Entwicklungsarbeiten in der Werkzeugindustrie e. V., Remscheid
Untersuchungen an Kreissägeblättern für Holz, Fehler- und Spannungsprüfverfahren

Heft 52:
Forschungsstelle für Azetylen, Dortmund
Untersuchungen über den Umsatz bei der explosiblen Zersetzung von Azetylen
  a) Zersetzung von gasförmigem Azetylen,
  b) Zersetzung von an Silikagel adsorbiertem Azetylen

Heft 53:
Professor Dr.-Ing. H. Opitz, Aachen
Reibwert- und Verschleißmessungen an Kunststoffgleitführungen für Werkzeugmaschinen

Heft 54:
Professor Dr.-Ing. habil. F. A. F. Schmidt, Aachen
Schaffung von Grundlagen für die Erhöhung der spez. Leistung und Herabsetzung des spez. Brennstoffverbrauches bei Ottomotoren mit Teilbericht über Arbeiten an einem neuen Einspritzverfahren

Heft 55:
Forschungsgesellschaft Blechverarbeitung, Düsseldorf
Chemisches Glänzen von Messing und Neusilber

Heft 56:
Forschungsgesellschaft Blechverarbeitung, Düsseldorf
Untersuchungen über einige Probleme der Behandlung von Blechoberflächen

Heft 57:
Prof. Dr.-Ing. habil. F. A. F. Schmidt, Aachen
Untersuchungen zur Erforschung des Einflusses des chemischen Aufbaues des Kraftstoffes auf sein Verhalten im Motor und in Brennkammern von Gasturbinen.

Heft 58:
Gesellschaft für Kohlentechnik m. b. H., Dortmund
Herstellung und Untersuchung von Steinkohlenschwelteer.

Heft 59:
Forschungsinstitut der Feuerfest-Industrie, Bonn
Ein Schnellanalysenverfahren zur Bestimmung von Aluminiumoxyd, Eisenoxyd und Titanoxyd in feuerfestem Material mittels organischer Farbreagenzien auf photometrischem Wege
Untersuchungen des Alkali-Gehaltes feuerfester Stoffe mit dem Flammenphotometer nach Riehm-Lange

Heft 60:
Forschungsgesellschaft Blechverarbeitung e. V., Düsseldorf
Untersuchungen über das Spritzlackieren im elektrostatischen Hochspannungsfeld

Heft 61:
Verein zur Förderung von Forschungs- und Entwicklungsarbeiten in der Werkzeugindustrie e. V., Remscheid
Schwingungs- und Arbeitsverhalten von Kreissägeblättern für Holz

Heft 62:
Professor Dr. W. Franz, Institut für theoretische Physik der Universität Münster
Berechnung des elektrischen Durchschlags durch feste und flüssige Isolatoren

Heft 63:
Textilforschungsanstalt Krefeld
Neue Methoden zur Untersuchung der Wirkungsweise von Textilhilfsmitteln
Untersuchungen über Schlichtungs- und Entschlichtungsvorgänge

Heft 64:
Textilforschungsanstalt Krefeld
Die Kettenlängenverteilung von hochpolymeren Faserstoffen
Über die fraktionierte Fällung von Polyamiden

Heft 65:
Fachverband Schneidwarenindustrie, Solingen
Untersuchungen über das elektrolytische Polieren von Tafelmesserklingen aus rostfreiem Stahl

Heft 66:
Dr.-Ing. Peter Füsgen VDI †, Düsseldorf
Untersuchungen über das Auftreten des Ratterns bei selbsthemmenden Schneckengetrieben und seine Verhütung

Heft 67:
Heinrich Wösthoff o. H. G., Apparatebau, Bochum
Entwicklung einer chemisch-physikalischen Apparatur zur Bestimmung kleinster Kohlenoxyd-Konzentrationen

Heft 68:
Kohlenstoffbiologische Forschungsstation e. V., Essen
Algengroßkulturen im Sommer 1952
II. Über die unsterile Großkultur von Scenedesmus obliquus

Heft 69:
Wäschereiforschung Krefeld
Bestimmung des Faserabbaues bei Leinen unter besonderer Berücksichtigung der Leinengarnbleiche

Heft 70:
Wäschereiforschung Krefeld
Trocknen von Wäschestoffen

Heft 71:
Prof. Dr.-Ing. K. Leist, Aachen
Kleingasturbinen, insbesondere zum Fahrzeugantrieb

Heft 72:
Prof. Dr.-Ing. K. Leist, Aachen
Beitrag zur Untersuchung von stehenden geraden Turbinengittern mit Hilfe von Druckverteilungsmessungen

Heft 73:
Prof. Dr.-Ing. K. Leist, Aachen
Spannungsoptische Untersuchungen von Turbinenschaufelfüßen

Heft 74:
Max-Planck-Institut für Eisenforschung, Düsseldorf
Versuche zur Klärung des Umwandlungsverhaltens eines sonderkarbidbildenden Chromstahls

Heft 75:
Max-Planck-Institut für Eisenforschung, Düsseldorf
Zeit-Temperatur-Umwandlungs-Schaubilder als Grundlage der Wärmebehandlung der Stähle

Heft 76:
Max-Planck-Institut für Arbeitsphysiologie, Dortmund
Arbeitstechnische und arbeitsphysiologische Rationalisierung von Mauersteinen

Heft 77:
Meteor Apparatebau Paul Schmeck G. m. b. H., Siegen
Entwicklung von Leuchtstoffröhren hoher Leistung

Heft 78:
Forschungsstelle für Acetylen, Dortmund
Über die Zustandsgleichung des gasförmigen Acetylens und das Gleichgewicht Acetylen — Aceton

Heft 79:
Techn.-Wissenschaftl. Büro für die Bastfaserindustrie, Bielefeld
Trocknung von Leinengarnen III
Spinnspulen- und Spinnkopstrocknung
Vorgang und Einwirkung auf die Garnqualität

Heft 80:
Techn.-Wissenschaftl. Büro für die Bastfaserindustrie, Bielefeld
Die Verarbeitung von Leinengarn auf Webstühlen mit und ohne Oberbau

Heft 81:
Prüf- und Forschungsinstitut für Ziegeleierzeugnisse, Essen-Kray
Die Einführung des großformatigen Einheits-Gitterziegels im Lande Nordrhein-Westfalen

Heft 82:
Vereinigte Aluminium-Werke AG., Bonn
Forschungsarbeiten auf dem Gebiet der Veredelung von Aluminium-Oberflächen

Heft 83:
Prof. Dr. S. Strugger, Münster
Über die Struktur der Proplastiden

Heft 84:
Dr. med. habil., Dr. phil. H. Baron, Düsseldorf
Über Standardisierung von Wundtextilien

Heft 85:
Textilforschungsanstalt Krefeld
Physikalische Untersuchungen an Fasern, Fäden, Garnen und Geweben:
Untersuchungen am Knickscheuergerät nach Weltzien

Heft 86:
Professor Dr.-Ing. H. Opitz, Aachen
Untersuchungen über das Fräsen von Baustahl sowie über den Einfluß des Gefüges auf die Zerspanbarkeit

Heft 87:
Gemeinschaftsausschuß Verzinken, Düsseldorf
Untersuchungen über Güte von Verzinkungen

Heft 88:
Gesellschaft für Kohlentechnik mbH., Dortmund-Eving
Oxydation von Steinkohle mit Salpetersäure

Heft 89:
Verein Deutscher Ingenieure, Gleitlagerforschung, Düsseldorf und Prof. Dr.-Ing. G. Vogelpohl, Göttingen
Versuche mit Preßstoff-Lagern für Walzwerke

Heft 90:
Forschungs-Institut der Feuerfest-Industrie, Bonn
Das Verhalten von Silikasteinen im Siemens-Martin-Ofengewölbe

Heft 91:
Forschungs-Institut der Feuerfest-Industrie, Bonn
Untersuchungen des Zusammenhangs zwischen Leistung und Kohlenverbrauch von Kammeröfen zum Brennen von feuerfesten Materialien

Heft 92:
Techn.-Wissenschaftl. Büro für die Bastfaserindustrie, Bielefeld und Laboratorium für textile Meßtechnik, M.-Gladbach
Messungen von Vorgängen am Webstuhl

Heft 93
Prof. Dr. W. Kast, Krefeld
Spinnversuche zur Strukturerfassung künstlicher Zellulosefasern

Heft 94:
Prof. Dr. phil. habil. G. Winter, Bonn
Die Heilpflanzen des MATTHIOLUS (1611) gegen Infektionen der Harnwege und Verunreinigung der Wunden bzw. zur Förderung der Wundheilung im Lichte der Antibiotikaforschung

Heft 95:
Prof. Dr. phil. habil. G. Winter, Bonn
Untersuchungen über die flüchtigen Antibiotika aus der Kapuziner- (Tropaeolum maius) und Gartenkresse (Lepidium sativum) und ihr Verhalten im menschlichen Körper bei Aufnahme von Kapuziner- bzw. Gartenkressensalat per os

Heft 96:
Dr.-Ing. P. Koch, Dortmund
Austritt von Exoelektronen aus Metalloberflächen unter Berücksichtigung der Verwendung des Effektes für die Materialprüfung

Heft 97:
Ing. H. Stein, M.-Gladbach
Laboratorium für textile Meßtechnik
Untersuchung der Verzugsvorgänge an den Streckwerken verschiedener Spinnereimaschinen
2 Bericht: Ermittlung der Haft-Gleiteigenschaften von Faserbändern und Vorgarnen

Heft 98:
Fachverband Gesenkschmieden, Hagen
Die Arbeitsgenauigkeit beim Gesenkschmieden unter Hämmern

Heft 99:
Prof. Dr.-Ing. G. Garbotz, Aachen
Der Kraft- und Arbeitsaufwand sowie die Leistungen beim Biegen von Bewehrungsstählen in Abhängigkeit von den Abmessungen, den Formen und der Güte der Stähle (Ermittlung von Leistungsrichtlinien)

Heft 100:
Prof. Dr.-Ing. H. Opitz, Aachen
Untersuchungen von elektrischen Antrieben, Steuerungen und Regelungen an Werkzeugmaschinen

Heft 101:
Prof. Dr.-Ing. H. Opitz, Aachen
Wirtschaftlichkeitsbetrachtungen beim Außenrundschleifen

Heft 102:
Dr. phil. habil. P. Hölemann, Ing. R. Hasselmann und Ing. G. Dix, Dortmund
Untersuchungen über die thermische Zündung von explosiblen Azetylenzersetzungen in Kapillaren

Heft 103:
Prof. Dr. phil. W. Weizel, Bonn
Durchführung von experimentellen Untersuchungen über den zeitlichen Ablauf von Funken in komprimierten Edelgasen sowie zu deren mathematischen Berechnung

Heft 104:
Prof. Dr. phil. W. Weizel, Bonn
Über den Einfluß der Elektroden auf die Eigenschaften von Cadmium-Sulfid-Widerstands-Photozellen

Heft 105:
Dr.-Ing. R. Meldau, Harsewinkel/Westf.
Auswertung von Gekörn – Analysen des Musterstaubes „Flugasche Fortuna I"

Heft 106:
ORR. Dr.-Ing. W. Küch, Dortmund
Untersuchungen über die Einwirkung von feuchtigkeitsgesättigter Luft auf die Festigkeit von Leimverbindungen

Heft 107:
Prof. Dr. phil. H. Lange, Köln
Dipl.-Phys. P. St. Pütter, Köln
Über die Konstruktion von Laboratoriumsmagneten

Heft 108:
Prof. Dr. phil. W. Fuchs, Aachen
Untersuchungen über neue Beizmethoden und Beizabwässer
I. Die Entzunderung von Drähten mit Natriumhydrid
II. Die Aufbereitung von Beizabwässern

Heft 109:
Dr. phil. habil. P. Hölemann und Ing. R. Hasselmann, Dortmund
Untersuchungen über die Löslichkeit von Azetylen in verschiedenen organischen Lösungsmitteln

Heft 110:
Dr. phil. habil. P. Hölemann und Ing. R. Hasselmann, Dortmund
Untersuchungen über den Druckverlauf bei der explosiblen Zersetzung von gasförmigem Azetylen

Heft 111:
Fachverband Steinzeugindustrie, Köln
Die Entwicklung eines Gerätes zur Beschickung seitlicher Feuer von Steinzeug-Einzelkammeröfen mit festen Brennstoffen

Heft 112:
Prof. Dr.-Ing. H. Opitz, Aachen
Verschleißmessungen beim Drehen mit aktivierten Hartmetallwerkzeugen

Heft 113:
Prof. Dr. med. O. Graf, Dortmund
Erforschung der geistigen Ermüdung und nervösen Belastung: Studien über die vegetative 24-Stunden-Rhythmik in Ruhe und unter Belastung

Heft 114:
Prof. Dr. med. O. Graf, Dortmund
Studien über Fließarbeitsprobleme an einer praxisnahen Experimentieranlage

Heft 115:
Prof. Dr. med. O. Graf, Dortmund
Studium über Arbeitspausen in Betrieben bei freier und zeitgebundener Arbeit (Fließarbeit) und ihre Auswirkung auf die Leistungsfähigkeit

Heft 116:
Prof. Dr.-Ing. E. Siebel und Dr.-Ing. H. Weise, Stuttgart
Untersuchungen an einigen Problemen des Tiefziehens — I. Teil

Heft 117:
Dr.-Ing. H. Beißwänger, Stuttgart, und Dr.-Ing. S. Schwandt, Trier
Untersuchungen an einigen Problemen des Tiefziehens — II. Teil

Heft 118:
Prof. Dr. med. E. A. Müller und Dr. med. H. G. Wenzel, Dortmund
Neuartige Klima-Anlage zur Erzeugung ungleicher Luft- und Strahlungstemperaturen in einem Versuchsraum

Heft 119:
Dr.-Ing. O. Viertel, Krefeld
Wäscherei- und energietechnische Untersuchung einer Gemeinschafts-Waschanlage

Heft 120:
Dipl.-Ing. Weisbecker, Lüdenscheid
Über Anfressung an Reinstaluminium-Schweißnähten bei der elektrolytischen Oxydation
Gebr. Hörstermann GmbH., Velbert
Entwicklung und Erprobung eines neuartigen Gummibandförderers

Heft 121:
Dr. rer. nat. H. Krebs, Bonn
I. Die Struktur und die Eigenschaften der Halbmetalle
II. Die Bestimmung der Atomverteilung in amorphen Substanzen
III. Die chemische Bindung in anorganischen Festkörpern und das Entstehen metallischer Eigenschaften

Heft 122:
Prof. Dr. phil. W. Fuchs, Aachen
Untersuchungen zur Verbesserung der Wasseraufbereitung und Wasseranalyse:
Über die Schnellbewertung von Ionenaustauscher

Heft 123:
Dipl.-Ing. J. Emondts, Aachen
Über Bodenverformungen bei stark gestörtem und mächtigem, wasserführendem Deckgebirge im Aachener Steinkohlengebiet

Heft 124:
Prof. Dr. R. Seÿffert, Köln
Wege und Kosten der Distribution der Hausratwaren im Lande Nordrhein-Westfalen

Heft 125:
Prof. Dr. phil. E. Kappler, Münster
Eine neue Methode zur Bestimmung von Kondensations-Koeffizienten von Wasser

Heft 126:
Prof. Dr.-Ing. habil. J. Mathieu, Aachen
Arbeitszeitvergleich
Grundlagen, Methodik und praktische Durchführung

Heft 127:
Güteschutz Betonstein e.V.,
Arbeitskreis Nordrhein-Westfalen, Dortmund
Die Betonwaren-Gütesicherung im
Lande Nordrhein-Westfalen

Heft 128:
Prof. Dr. phil. O. Schmitz-DuMont, Bonn
Untersuchungen über Reaktionen in flüssigem Ammoniak

Heft 129:
Prof. Dr.-Ing. habil. J. Mathieu, Aachen
Dr. phil. C. A. Roos, Aachen
Die Anlernung von Industriearbeitern
I. Ergebnisse einer grundsätzlichen Untersuchung der gegenwärtigen Industriearbeiter-Kurzanlernung

Heft 130:
Prof. Dr.-Ing. habil. J. Mathieu, Aachen
Dr. phil. C. A. Roos, Aachen
Die Anlernung von Industriearbeitern
II. Beiträge zur Methodenfrage der Kurzanlernung

Heft 131:
Dr. rer. nat. W. Hoerburger, Köln
Versuche zur Biosynthese von Eiweiß aus Kohlenwasserstoff

Heft 132:
Prof. Dr. phil. nat. W. Seith, Münster
Über Diffusionserscheinungen in festen Metallen

Heft 133:
Prof. Dr. phil. E. Jenckel, Aachen
Über einen für Schwermetalle selektiven Ionenaustauscher

Heft 134:
Prof. Dr.-Ing. H. Winterhager
Über die elektrochemischen Grundlagen
der Schmelzfluß-Elektrolyse von Bleisulfid
in geschmolzenen Mischungen mit Bleichlorid

Heft 135:
Prof. Dr.-Ing. habil. K. Krekeler, Aachen
Dr.-Ing. H. Peukert, Aachen
Die Änderung der mechanischen Eigenschaften thermoplastischer Kunststoffe durch Warmrecken

Heft 136:
Dipl. phys. P. Pilz, Remscheid
Über spezielle Probleme der Zerkleinerungstechnik von Weichstoffen

Heft 137:
Prof. Dr. rer. nat. habil. W. Baumeister, Münster
Beiträge zur Mineralstoffernährung der Pflanzen

Heft 138:
Dr. phil. habil. P. Hölemann, Dortmund
Ing. R. Hasselmann, Dortmund
Untersuchungen über die Zersetzungswärme von gasförmigem und in Azeton gelöstem Azetylen

Heft 139:
Prof. Dr. phil. W. Fuchs, Aachen
Studien über die thermische Zersetzung der Kohle
und die Kohlendestillatprodukte

Heft 140:
Dr.-Ing. G. Hausberg, Essen
Modellversuche an Zyklonen

Heft 141:
Dr. phil. J. van Calker, Münster
Dr. rer. nat. R. Wienecke, Münster
Untersuchungen über den Einfluß dritter Analysenpartner auf die spektrochemische Analyse

Heft 142:
Dipl.-Ing. G. M. F. Wiebel, Hannover
A. Konermann, Sennelager
A. Ottenheym, Sennelager
Entwicklung eines Kalksandleichtsteines

Heft 143:
Prof. Dr. phil. F. Wever, Düsseldorf
Dr. phil. A. Rose, Düsseldorf
Dipl.-Ing. W. Straßburg, Düsseldorf
Härtbarkeit und Umwandlungsverhalten der Stähle

Heft 144:
Prof. Dr. phil. H. Wurmbach, Bonn
Steuerung von Wachstum und Formbildung

Heft 145:
Dr. phil. G. Hennemann, Werdohl (Westf.)
Beitrag zur Interpretation der modernen Atomphysik

VERÖFFENTLICHUNGEN
DER ARBEITSGEMEINSCHAFT FÜR FORSCHUNG
DES LANDES NORDRHEIN-WESTFALEN

Im Auftrage des Ministerpräsidenten Karl Arnold

Herausgegeben von Staatssekretär Prof. Leo Brandt

Heft 1:
Prof. Dr.-Ing. Friedrich Seewald, Technische Hochschule Aachen
Neue Entwicklungen auf dem Gebiete der Antriebsmaschinen
Prof. Dr.-Ing. Friedrich A. F. Schmidt, Technische Hochschule Aachen
Technischer Stand und Zukunftsaussichten der Verbrennungsmaschinen, insbesondere der Gasturbinen
Dr.-Ing. R. Friedrich, Siemens-Schuckert-Werke A.-G., Mülheimer Werk
Möglichkeiten und Voraussetzungen der industriellen Verwertung der Gasturbine

Heft 2:
Prof. Dr.-Ing. Wolfgang Riezler, Universität Bonn
Probleme der Kernphysik
Prof. Dr. phil. Fritz Micheel, Universität Münster,
Isotope als Forschungsmittel in der Chemie und Biochemie

Heft 3:
Prof. Dr. med. Emil Lehnartz, Universität Münster
Der Chemismus der Muskelmaschine
Prof. Dr. med. Gunther Lehmann, Direktor des Max-Planck-Instituts für Arbeitsphysiologie, Dortmund
Physiologische Forschung als Voraussetzung der Bestgestaltung der menschlichen Arbeit
Prof. Dr. Heinrich Kraut, Max-Planck-Institut für Arbeitsphysiologie, Dortmund
Ernährung und Leistungsfähigkeit

Heft 4:
Prof. Dr. Franz Wever, Max-Planck-Institut für Eisenforschung, Düsseldorf
Aufgaben der Eisenforschung
Prof. Dr.-Ing. Hermann Schenck, Technische Hochschule Aachen
Entwicklungslinien des deutschen Eisenhüttenwesens
Prof. Dr.-Ing. Max Haas, Techn. Hochschule Aachen
Wirtschaftliche und technische Bedeutung der Leichtmetalle und ihre Entwicklungsmöglichkeiten

Heft 5:
Prof. Dr. med. Walter Kikuth, Medizinische Akademie Düsseldorf
Virusforschung
Prof. Dr. Rolf Danneel, Universität Bonn
Fortschritte der Krebsforschung
Prof. Dr. med. Dr. phil. W. Schulemann, Univ. Bonn
Wirtschaftliche und organisatorische Gesichtspunkte für die Verbesserung unserer Hochschulforschung

Heft 6:
Prof. Dr. Walter Weizel, Institut für theoretische Physik, Bonn
Die gegenwärtige Situation der Grundlagenforschung in der Physik
Prof. Dr. Siegfried Strugger, Universität Münster
Das Duplikantenproblem in der Biologie
Prof. Dr. Rolf Danneel, Universität Bonn
Über das Verhalten der Mitochondrien bei der Mitose der Mesenchymzellen des Hühner-Embryos
Direktor Dr. Fritz Gummert, Ruhrgas A.-G., Essen
Überlegungen zu den Faktoren Raum und Zeit im biologischen Geschehen und Möglichkeiten einer Nutzanwendung

Heft 7:
Prof. Dr.-Ing. August Götte, Technische Hochschule Aachen
Steinkohle als Rohstoff und Energiequelle
Prof. Dr. e. h. Karl Ziegler, Max-Planck-Institut für Kohlenforschung Mülheim a. d. Ruhr
Über Arbeiten des Max-Planck-Instituts für Kohlenforschung

Heft 8:
Prof. Dr.-Ing. Wilhelm Fucks, Technische Hochschule Aachen
Die Naturwissenschaft, die Technik und der Mensch
Prof. Dr. sc. pol. Walther Hoffmann, Universität Münster
Wirtschaftliche und soziologische Probleme des technischen Fortschritts

Heft 9:
Prof. Dr.-Ing. Franz Bollenrath, Technische Hochschule Aachen
Zur Entwicklung warmfester Werkstoffe
Dr. Heinrich Kaiser, Staatl. Materialprüfungsamt Dortmund
Stand spektralanalytischer Prüfverfahren und Folgerung für deutsche Verhältnisse

Heft 10:
Prof. Dr. Hans Braun, Universität Bonn
Möglichkeiten und Grenzen der Resistenzzüchtung
Prof. Dr.-Ing. Carl Heinrich Dencker, Universität Bonn
Der Weg der Landwirtschaft von der Energieautarkie zur Fremdenergie

Heft 11:
Prof. Dr.-Ing. Herwart Opitz, Technische Hochschule Aachen
Entwicklungslinien der Fertigungstechnik in der Metallbearbeitung
Prof. Dr.-Ing. Karl Krekeler, Technische Hochschule Aachen
Stand und Aussichten der schweißtechnischen Fertigungsverfahren

Heft: 12
Dr. Hermann Rathert, Mitglied des Vorstandes der Vereinigten Glanzstoff-Fabriken A.-G., Wuppertal-Elberfeld
Entwicklung auf dem Gebiet der Chemiefaser-Herstellung
Prof. Dr. Wilhelm Weltzien, Direktor der Textilforschungsanstalt Krefeld
Rohstoff und Veredlung in der Textilwirtschaft

Heft: 13
Dr.-Ing. e. h. Karl Herz, Chefingenieur im Bundesministerium für das Post- und Fernmeldewesen Frankfurt a. Main
Die technischen Entwicklungstendenzen im elektrischen Nachrichtenwesen
Ministerialdirektor Dipl.-Ing. Leo Brandt, Düsseldorf
Navigation und Luftsicherung

Heft 14:
Prof. Dr. Burckhardt Helferich, Universität Bonn
Stand der Enzymchemie und ihre Bedeutung
Prof. Dr. med. Hugo W. Knipping, Direktor der Med. Universitätsklinik Köln
Ausschnitt aus der klinischen Carcinomforschung am Beispiel des Lungenkrebses

Heft 15:
Prof. Dr. Abraham Esau, Technische Hochschule Aachen
Die Bedeutung von Wellenimpulsverfahren in Technik und Natur
Prof. Dr.-Ing. Eugen Flegler, Technische Hochschule Aachen
Die ferromagnetischen Werkstoffe in der Elektrotechnik und ihre neueste Entwicklung

Heft 16:
Prof. Dr. rer. pol. Rudolf Seyffert, Universität Köln
Die Problematik der Distribution
Prof. Dr. rer. pol. Theodor Beste, Universität Köln
Der Leistungslohn

Heft 17:
Prof. Dr.-Ing. Friedrich Seewald, Technische Hochschule Aachen
Die Flugtechnik und ihre Bedeutung für den allgemeinen technischen Fortschritt
Prof. Dr.-Ing. Edouard Houdremont, Essen
Art und Organisation der Forschung in einem Industriekonzern

Heft 18:
Prof. Dr. med. Dr. phil. W. Schulemann, Universität Bonn
Theorie und Praxis pharmakologischer Forschung
Prof. Dr. Wilhelm Groth, Direktor des Physikalisch-Chemischen Instituts, Universität Bonn
Technische Verfahren zur Isotopentrennung

Heft 19:
Dipl.-Ing. Kurt Traenckner, Stellvertr. Vorstandsmitglied der Ruhrgas-A.G., Essen
Entwicklungstendenzen der Gaserzeugung

Heft 20:
M. Zvegintzov
Wissenschaftliche Forschung und die Auswertung ihrer Ergebnisse. Ziel und Tätigkeit der National Research Development Corporation
Dr. Alexander King, Department of Scientific & Industrial Research, London
Wissenschaft und internationale Beziehungen

Heft 21:
Prof. Dr. phil. Robert Schwarz, Aachen
Wesen und Bedeutung der Silicium-Chemie
Prof. Dr. Kurt Alder, Universität Köln
Fortschritte in der Synthese von Kohlenstoffverbindungen

Heft 21 a
Jahresfeier der Arbeitsgemeinschaft für Forschung des Landes Nordrhein-Westfalen am 21. 5. 1952 in Düsseldorf mit Ansprachen des Herrn Bundespräsidenten Professor Dr. Theodor Heuss, des Herrn Ministerpräsidenten Arnold, Frau Kultusminister Teusch, der Herren Professor Dr. Hahn, Professor Dr. Strugger, Vizepräsident Dobbert, Professor Dr. Richter, Professor Dr. Fucks.

Heft 22:
Prof. Dr. Johannes von Allesch, Universität Göttingen
Die Bedeutung der Psychologie im öffentlichen Leben
Prof. Dr. med. Otto Graf, Max-Planck-Institut für Arbeitsphysiologie, Dortmund
Triebfedern menschlicher Leistung

Heft 23:
Prof. Dr. phil. Dr. jur. h. c. Bruno Kuske, Universität Köln
Probleme der Raumforschung
Prof. Dr. Dr.-Ing. e. h. Prager
Städtebau und Landesplanung

Heft 24:
Prof. Dr. Rolf Danneel, Universität Bonn
Über die Wirkungsweise der Erbfaktoren
Prof. Dr. K. Herzog, Medizinische Akademie Düsseldorf
Bewegungsbedarf der menschlichen Gliedmaßengelenke bei der Berufsarbeit

Heft 25:
Prof. Dr. O. Haxel, Heidelberg
Energiegewinnung aus Kernprozessen
Dr. Dr. Max Wolf, Düsseldorf
Gegenwartsprobleme der energiewirtschaftlichen Forschung

Heft 26:
Prof. Dr. Friedrich Becker, Universität Bonn
Ultrakurzwellen aus dem Weltraum, ein neues Forschungsgebiet der Astronomie
Dozent Dr. H. Straßl, Bonn
Bemerkenswerte Doppelsterne und das Problem der Sternentwicklung

Heft 27:
Prof. Dr. Heinrich Behnke, Universität Münster
Der Strukturwandel der Mathematik in der ersten Hälfte des 20. Jahrhunderts
Prof. Dr. E. Sperner, Bonn
Eine mathematische Analyse der Luftdruckverteilungen in großen Gebieten

Heft 28:
Prof. Dr. O. Niemczyk, Aachen
Die Problematik gebirgsmechanischer Vorgänge im Steinkohlenbergbau
Prof. Dr. W. Ahrens, Krefeld
Die Bedeutung geologischer Forschung für die Wirtschaft, besonders in Nordrhein-Westfalen

Heft 29:
Prof. Dr. B. Rensch, Münster
Das Problem der Residuen bei Lernleistungen
Prof. Dr. H. Fink, Köln
Über Leberschäden bei der Bestimmung des biologischen Wertes verschiedener Eiweiße von Mikroorganismen

Heft 30:
Prof. Dr.-Ing. F. Seewald, Aachen
Forschungen auf dem Gebiete der Aerodynamik
Prof. Dr.-Ing. K. Leist, Aachen
Forschungen in der Gasturbinentechnik

Heft 31:
Direktor Dr. F. Mietzsch, Wuppertal
Chemie und wirtschaftliche Bedeutung der Sulfonamide
Prof. Dr. G. Domagk, Wuppertal
Die experimentellen Grundlagen der Chemotherapie der bakteriellen Infektionen

Heft 32:
Prof. Dr. Hans Braun, Universität Bonn
Die Verschleppung von Pflanzenkrankheiten und -schädlingen über die Welt
Prof. Dr. Wilhelm Rudorf, Max-Planck-Institut für Züchtungsforschung, Voldagsen
Der Beitrag von Genetik und Züchtung zur Bekämpfung von Viruskrankheiten der Nutzpflanzen

Heft 33:
Prof. Dr.-Ing. V. Aschoff, Aachen
Probleme der elektroakustischen Einkanalübertragung
Prof. Dr.-Ing. H. Döring, Aachen
Erzeugung und Verstärkung von Mikrowellen

Heft 34:
Geheimrat Prof. Dr. Rudolf Schenck, Aachen
Bedingungen und Gang der Kohlenhydratsynthese im Licht
Prof. Dr. Emil Lehnartz, Universität Münster
Die Endstufen des Stoffabbaus im Organismus

Heft 35:
Prof. Dr.-Ing. H. Schenk, Aachen
Gegenwartsprobleme der Eisenindustrie in Deutschland
Prof. Dr.-Ing. E. Piwowarsky, Aachen
Gelöste und ungelöste Probleme des Gießereiwesens

Heft 36:
Prof. Dr. W. Riezler, Bonn
Teilchenbeschleuniger
Prof. Dr. med. G. Schubert, Hamburg
Anwendung neuer Strahlenquellen in der Krebstherapie

Heft 37:
Prof. Dr. F. Lotze, Münster
Probleme der Gebirgsbildung
Bergwerksdirektor Bergassessor a. D. Rauschenbach, Essen
Die Erhaltung der Förderungskapazität des Ruhrbergbaues auf lange Sicht

Heft 38:
Dr. E. C. Cherry, D. Sc., A.M.I.E.E., London
Cybernetics
Prof. Dr. E. Pietsch, Clausthal-Zellerfeld
Dokumentation und mechanisches Gedächtnis — zur Frage der Ökonomie der geistigen Arbeit

Heft 39:
Dr. H. Haase, Hamburg
Infrarot und seine technischen Anwendungen
Prof. Dr. A. Esau, Aachen
Die Bedeutung des Ultraschalls für technische Anwendungsgebiete

Heft 40:
Bergassessor F. Lange, Bochum-Hordel
Die wissenschaftliche und soziale Bedeutung der Silikose im Bergbau
Prof. Dr. W. Kikuth, Düsseldorf
Die Entstehung der Silikose und ihre Verbreitungsmaßnahmen

Heft 40a:
Prof. Dr. E. Groß, Bonn
Berufskrebs und Krebsforschung
Prof. Dr. H. W. Knipping, Köln
Die Situation der Krebsforschung vom Standpunkt der Klinik und des praktischen Arztes

Heft 41:
Dr.-Ing. G. V. Lachmann, Teddington
An einer neuen Entwicklungsschwelle im Flugzeugbau
Dr. A. Gerber, Zürich
Stand der Entwicklung der Raketen- und Lenktechnik

Heft 42:
Prof. Dr. Theodor Kraus, Köln
Lokalisationsphänomene und Raumordnung vom Standpunkt der geographischen Wissenschaft
Direktor Dr. Fritz Gummert, Essen
Vom Ernährungsversuchsfeld der Kohlenstoffbiologischen Forschungsstation Essen (Ein 6 Jahre lang

durchgeführter Versuch, einen Menschen aus dem Ertrag von 1250 qm zu ernähren).

Heft 43:
Prof. Giovanni Lampariello, Rom
Über Leben und Werk von Heinrich Hertz
Prof. Dr. Walter Weizel, Bonn
Über das Problem der Kausalität in der Physik

Heft 44:
Prof. Dr. Burckhardt Helferich, Bonn
Über Glykoside
Prof. Dr. Fritz Micheel, Münster
Kohlenhydrat-Eiweißverbindungen und ihre biochemische Bedeutung

Heft 45:
Prof. Dr. John von Neumann, Princeton/USA
Entwicklung und Ausnutzung neuerer mathematischer Maschinen
Prof. Dr. E. Stiefel, Zürich
Rechenautomaten im Dienste der Technik mit Beispielen aus dem Züricher Institut für angewandte Mathematik

Geisteswissenschaften

Heft 1:
Prof. Dr. W. Richter, Bonn,
Die Bedeutung der Geisteswissenschaften für die Bildung unserer Zeit
Prof. Dr. J. Ritter, Münster,
Die aristotelische Lehre vom Ursprung und Sinn der Theorie

Heft 2:
Prof. Dr. J. Kroll, Köln,
Elysium
Prof. Dr. G. Jachmann, Köln,
Die vierte Ekloge Vergils

Heft 3:
Prof. Dr. H. E. Stier, Münster,
Die klassische Demokratie

Heft 4:
Prof. Dr. W. Caskel, Köln,
Lihjan und Lihjanisch. Sprache und Kultur eines früharabischen Königreiches

Heft 5:
Prof. Dr. Th. Ohm, Münster,
Stammesreligionen im südlichen Tanganyika-Territorium. — Religionswissenschaftliche Ergebnisse meiner Ostafrikareise 1951

Heft 6:
Prälat Prof. Dr. G. Schreiber, Münster,
Deutsche Wissenschaftspolitik von Bismarck bis zum Atomphysiker Otto Hahn

Heft 7:
Prof. Dr. W. Holtzmann, Bonn,
Das mittelalterliche Imperium und die werdenden Nationen

Heft 8:
Prof. Dr. W. Caskel, Köln,
Die Bedeutung der Beduinen in der Geschichte der Araber

Heft 9:
Prälat Prof. Dr. Georg Schreiber, Münster
Iroschottische Motive im abendländischen Sakralraum

Heft 10:
Prof. Dr. P. Rassow, Köln,
Forschungen zur Reichsidee im 16. und 17. Jahrhundert

Heft 11:
Prof. Dr. H. E. Stier, Münster,
Roms Aufstieg zur Weltherrschaft

Heft 12:
Prof. Dr. D. K. H. Rengstorf, Münster,
Zum Problem der Gleichberechtigung zwischen Mann und Frau auf dem Boden des Urchristentums
Prof. Dr. H. Conrad, Bonn,
Grundprobleme einer Reform des Familienrechts

Heft 13:
Professor Dr. Max Braubach, Bonn,
Der Weg zum 20. Juli 1944 — Ein Forschungsbericht

Heft 14:
Prof. Dr. Paul Hübinger, Münster
Das deutsch-französische Verhältnis und seine mittelalterlichen Grundlagen

Heft 15:
Prof. Dr. Franz Steinbach, Bonn,
Der geschichtliche Weg des wirtschaftenden Menschen in die soziale Freiheit und politische Verantwortung

Heft 16:
Prof. Dr. Josef Koch, Köln,
Die Ars coniecturalis des Nikolaus von Cues

Heft 17:
Dr. James B. Conant,
U.S.-Hochkommissar für Deutschland,
Staatsbürger und Wissenschaftler
Prof. Dr. D. Karl Heinrich Rengstorf, Münster,
Antike und Christentum

Heft 18:
Prof. Dr. Richard Alewyn, Köln,
Klopstocks Publikum

Heft 19:
Prof. Dr. Fritz Schalk, Köln,
Das Lächerliche in der französischen Literatur des Ancien Régime

Heft 20:
Prof. Dr. Ludwig Raiser, Bad Godesberg,
Präsident der Deutschen Forschungsgemeinschaft
Rechtsfragen der Mitbestimmung

Heft 21:
Prof. D. Martin Noth, Bonn,
Das Geschichtsverständnis der alttestamentlichen Apokalyptik

Heft 22:
Prof. Dr. Walter F. Schirmer, Bonn
Glück und Ende der Könige in Shakespeares Historien

Heft 23:
Prof. Dr. Günther Jachmann, Köln
Der homerische Schiffskatalog und die Ilias

Heft 24:
Prof. Dr. Theodor Klauser, Bonn
Die römischen Petrustraditionen im Lichte der neuen Ausgrabungen unter der Peterskirche

Heft 25:
Prof. Dr. Hans Peters, Köln
Der Grundsatz der Gewaltentrennung in heutiger Sicht

Heft 26:
Prof. Dr. Fritz Schalk, Köln
Calderon und die Mythologie

Heft 27:
Prof. Dr. Josef Kroll, Köln
Vom Leben Geflügelter Worte

Heft 28:
Prof. Dr. Thomas Ohm
Die Religionen in Asien

Heft 29:
Prof. Dr. Leo Weisgerber, Bonn
Die Ordnung der Sprache im persönlichen und öffentlichen Leben

Heft 30:
Prof. Dr. Werner Caskel, Köln
Entdeckungen in Arabien

Heft 31:
Prof. Dr. Max Braubach, Bonn
Entstehung und Entwicklung der landesgeschichtlichen Bestrebungen und historischen Vereine im Rheinland

Heft 32:
Prof. Dr. Fritz Schalk, Köln
Somnium und verwandte Wörter in den romanischen Sprachen

MIX
Papier aus verantwortungsvollen Quellen
Paper from responsible sources
FSC® C105338

If you have any concerns about our products,
you can contact us on
ProductSafety@springernature.com

In case Publisher is established outside the EU,
the EU authorized representative is:
**Springer Nature Customer Service Center GmbH
Europaplatz 3, 69115 Heidelberg, Germany**

Printed by Libri Plureos GmbH
in Hamburg, Germany